どうぶつの足がた

これはどうぶつの　足がたです。
（赤ちゃんではなく、おとなの足がたです。）
自分の　手や足と　くらべてみましょう。
指や形は　どうなっていますか？
わたしたち人間と　にた形はありますか？

カンガルー
（クロカンガルー）
左前足

前足は　もみじのような形をしています。

シマウマ
（サバンナシマウマ）
右前足

地面につく　ぶぶんは、
かたいひづめに　おおわれています。

監修のことば

増井光子（ますい みつこ）

　自然の中には130万種以上も生物がいて、それぞれが子孫を残そうと努力しています。赤ちゃんの状態は動物の種類によっていろいろです。このシリーズでは卵で生まれるペンギンや、水中にくらすイルカ、驚くほど小さくて袋の中で半年もくらすカンガルー、やはり小さな子どもを産むパンダやライオン、長い間お母さんの世話を受けるゴリラ、すぐに親について歩けるシマウマの赤ちゃんを取り上げました。

　厳しい自然の中で親たちは、なんとか赤ちゃんを育てあげようと、危険を避け、獲物狩りにはげみ、遠い道のりをものともせずにエサを運んできます。それこそ体力をふりしぼって子育てにあたるので、子どもが大きくなるころには、すっかりやせて色つやの悪くなってしまう親も少なくありません。

　一方、育ててもらう赤ちゃんのほうも、生き残っていくのは大変です。自然の中には赤ちゃんをねらっているものも少なくないので、仲間のすることをよく見て、何を食べ、何が危険なのか、どのように敵から逃れるのか、などの生きる術を身に付けなければなりません。動物のお母さんは、長い距離を歩いたり、障害物を乗り越えたり、時に赤ちゃんに対して厳しい態度をとることがあります。もっと赤ちゃんに合わせてゆっくり歩いてやったり、手助けしてやればと思ってしまうこともありますが、実はその厳しいと思えることこそが、丈夫な体をつくり、素早い動作がおこなえる基礎となるものなのです。

1937(昭和12)年、大阪生まれ。麻布獣医科大学獣医学部獣医科卒業。獣医学博士。1959年より東京都恩賜上野動物園に勤務し、1985年には日本で初めてのパンダの人工繁殖に成功。1986年にはその育成にも成功する。1990年多摩動物公園園長、1992年上野動物園園長に就任、1996年退職、同年麻布大学獣医学部教授に就任。1999年より、よこはま動物園ズーラシア園長に就任。そのほか、兵庫県立コウノトリの郷公園園長（非常勤）を務めた。2010(平成22)年没。
主な著書に「動物の親は子をどう育てるか」（学研）、「動物が好きだから」（どうぶつ社）、「60歳で夢を見つけた」（紀伊國屋書店）。監修に「NHK生きもの地球紀行（全8巻）」（ポプラ社）「動物たちのいのちの物語」（小学館）、「動物の寿命」（素朴社）などがある。

ちがいがわかる 写真絵本シリーズ

どうぶつの赤ちゃん

増井光子＝監修

シマウマ

金の星社

広いアフリカの草原地帯。

そこは、サバンナとよばれています。

サバンナには、たくさんのシマウマが くらしています。

雨のよくふる きせつになると、ゆたかな食べものをもとめて草の多い平原に あつまってきます。

シマウマたちは、このきせつに 赤ちゃんをうみます。

生まれたての赤ちゃんは、ヤギくらいの
大きさをしています。

おかあさんと同じ、白と黒のしまもようです。

おかあさんが 赤ちゃんの顔をなめると、
たちまち、大きな目が ひらきます。

そして、足を ふらふらさせながら、
15分くらいで、自分で立ち上がります。

30分もすると、もう歩いて おかあさんの
おちちを さがしはじめます。

1時間もたつと、赤ちゃんの体つきが、もっと しっかりしてきます。
足も、みるみるうちに 力強くなり、
おかあさんのまわりを、はねまわるようになります。

サバンナには、シマウマを　おそって食べる
どうぶつもいます。
一番おそろしいのが、ライオンです。
いつ、どこから　とびかかってくるか
わかりません。
小さな赤ちゃんは、とくに
ねらわれやすいので、
シマウマのおかあさんは、いつも
まわりのようすを　気にしています。

つぎの日には、おかあさんと同じくらいに はやく走ることが
できるようになります。
ライオンなどにねらわれる シマウマにとって、
はやく走れる力は、生きのびるために とてもたいせつなのです。
赤ちゃんは、おかあさんの後を 走りながら、足をきたえます。
足がはやい ひみつは、長くてりっぱな 足にあります。
赤ちゃんとおかあさんの 足の長さは、ほとんどかわりがなく、
かたくて がんじょうなひづめは、岩の上を走っても われません。

おかあさんは、いちどに　1頭の子どもをうみます。
子どもは、2さいくらいまで、いつも　おかあさんといっしょです。
草原をいどうするときも、ぴったりと　よりそっています。

赤ちゃんは、生まれてから1週間くらいは
おちちだけでそだちます。
おかあさんの　おなかの下に　顔を入れて、
おちちをのみます。
おかあさんも　赤ちゃんも　立ったままです。
立っていれば、いつでも
走ってにげることができるので、安心です。

赤ちゃんは、2週間目ごろから、おかあさんと同じように
草を食べるようになります。
7か月くらいまでは　まだおちちも　のんでいますが、
自分で草も食べるようになるのです。
はじめは、やわらかな草をえらび、歯が　じょうぶになってくると、
かたい草を　食べるようになります。
おく歯で、こまかくすりつぶして　食べるのです。
たくさん食べても、あまり　えいようがとれないので、
一日中　ほとんどの時間　食べつづけています。

シマウマは、おとうさんを中心に、
6頭くらいの　おとなのメス、
そして、その子どもたちが　あつまって、
家族のむれを　つくっています。
たくさんの家族が　あつまると、草原が
しまもようで　いっぱいになります。
シマウマのしまもようは、昼間は
なかまどうしの　目じるしになり、
あたりがくらくなってからは、
ライオンなどの　てきの目を、
ごまかすのにやくだつと
いわれています。

シマウマは、家族どうしでは、よく あいさつをしあいます。
おたがいの首を こうささせて、やさしくかみあったり、
くちびるで、毛づくろいを しあったりするのです。

雨のよくふる　きせつが　おわると、

ほとんど雨のふらない　きせつにかわります。

太陽が　じりじりと　地面にてりつけ、

草も　かれはじめてしまいます。

シマウマたちは、このきせつになると、草と水をもとめて　いどうします。

どの家族も、いっせいにうごきだし、1000頭もの　大きなむれができます。

子どもたちも、みんなといっしょに　走ります。

走りつかれたら、家族で よりそって休みます。
遠くまで見える、ひらけた場所で、立ったまま休むのです。
こうしていれば、もし ライオンが近づいても、すぐに気がついて、
にげることができます。
シマウマは、とても 目がいいのです。
耳も よく聞こえます。
すぐに きけんに気がつくように、耳のむきを じゆうにうごかして、
遠くの音を 聞いています。

耳を前にむけて、前の音を聞きます。

耳を後ろにむけて、後ろの音を聞きます。

水場には、たくさんのどうぶつたちが、

生きるための水をもとめて、あつまってきます。

シマウマのおとうさんは、自分の家族が

はぐれてしまわないように、

ときどき声を出して、家族をまとめます。

家族がはぐれたときは、さがしだして

つれもどします。

子どもたちは、1さいをすぎたころには、
ほとんど 親と同じくらいの 大きさになります。
そして、2さい半から3さいくらいには、
家族のむれを 出てゆかなくては なりません。
オスもメスも あいてを見つけて、
自分の家族をもつのです。

水場から 草原にもどると、また 草を食べはじめます。
太陽が 西にしずみ、
サバンナに まもなく まっくらな夜がきます。

シマウマたちは、夜も3時間くらいしかねむらずに、草を食べつづけます。
こうして、草と水をもとめて　サバンナをいどうしながら、
シマウマたちは　くらしているのです。

解説 身を守るために備わった能力——シマウマ

　シマウマは、サバンナシマウマ、グレビーシマウマ、ヤマシマウマなどの種類がいて、すべてアフリカに生息しています。この本ではサバンナシマウマを紹介しました。

　食べ物の豊富な雨期（1〜3月）が近づくと、平原には、たくさんのサバンナシマウマの群れが豊かな緑を求めて集まってきます。大きな群れはここで、いくつもの家族の群れと、家族の群れを出た若いオスや群れのボスを引退したオスたちのいる群れに分かれます。家族の群れは、1頭のオスと6頭くらいのメスと、その子どもたちで構成されています。それぞれの群れはここで雨期が終わるまで過ごします。出産がおこなわれるのもこの期間です。

　生まれたばかりの子どもは、目も開いて耳もぴんと立っていて、驚くほど短い時間で立ち上がり、走ることができるようになります。体の大きさは小さくても、足の長さがおとなとさほど変わらないことも、ライオンなどに襲われる危険から、自分の力で逃れることができるために備わった能力であると考えられています。

　シマウマの一番の特徴ともいえる白と黒のしま模様は、生まれたときから親と同じようにあって、模様は1頭ごとにちがいます。また、すんでいる地方によっても異なり、アフリカ南部のサバンナシマウマはしまの幅が広く、しまとしまの間にうす茶色の「かげしま」が現れます。本の中では、しま模様は、ライオンなどの敵が模様に目がくらんで、うまく捕らえることができないように、または、仲間同士の識別のためにあるとしていますが、首と首を交差させてあいさつをおこなう結果、できたしわがひろがって、現在のようなしま模様になったとも考えられています。

　草食動物という性質から、おとなしい動物という印象の強いシマウマですが、群れのボスが子どもや弱い仲間を守ろうとする力は強く、ときにはライオンやハイエナに立ち向かって攻撃をすることさえあります。相手の胸や頭を激しくキックしたり、首や足にかみついたりします。また、オス同士がメスを取り合うときにも、激しくケンカをすることがあります。

　雨期を平原で過ごした群れたちは、雨期が終わると生まれた子どもを連れて移動し、次の雨期がくるまで、再び比較的緑の多い森林地帯でくらします。そして子どもたちは、2歳半から3歳くらいには群れのボスに追い出されるようにして群れを出て、独り立ちしていくのです。

ちがいがわかる　写真絵本シリーズ

どうぶつの赤ちゃん

シリーズ全7巻

増井光子＝監修　小学校低学年〜中学年向き

動物の赤ちゃんの成長と、きびしい自然の中で生きる親子の絆を美しい写真で紹介。わかりやすい文章で、いろいろな動物の成長過程が学べ、シリーズを通して育ち方のちがいをくらべることができます。
貴重な動物の足がた（実物大）も掲載。

ライオン	動物の王様といわれているライオンの、か弱い子ども時代から、たくましく育っていくまでの過程を知り、肉食動物の成長についても学習します。
シマウマ	シマウマの子どもが、生後おどろくほど短い時間で立ち上がったり、走りまわれるようになるなど、草食動物にそなわった優れた能力について学習します。
パンダ	単独で生活する中で、パンダの母親と子どもが密接に結びついていることや、タケを食べるために適応した特殊な体のしくみについて学習します。
ゴリラ	森の住人ゴリラの森と調和した穏やかなくらしや、群れにおけるルールを知り、サルの中でも人間に近いゴリラの成長の様子を学習します。
カンガルー	母親のおなかにある袋で育つカンガルーの誕生直後の未熟な様子や、ふしぎな成長の過程を知り、袋で子育てをする有袋類の特殊な生態について学習します。
イルカ	海でくらすほ乳類としてタイセイヨウマダライルカを取り上げ、イルカのもつ優れた能力や、環境に適応する動物の力について学習します。
ペンギン	卵から生まれ育つ鳥類としてコウテイペンギンを取り上げ、きびしい環境で母親と父親が協力しておこなう子育ての様子や、ひなの成長について学習します。

【編集スタッフ】
編集／ネイチャー・プロ編集室
（月本由紀子・三谷英生・富田園子）
写真／ネイチャー・プロダクション
（立松光好／岡本ひと志／浅尾省五／飯島正広／
小宮山浩／今森光彦／Ferrero-Labat／
Patricio Robles Gil）
文／菊地悦子
図版協力／多摩動物公園・恩賜上野動物園・
浜松市動物園・釧路市動物園・長崎ペンギン水族館
協力／よこはま動物園ズーラシア

装丁・デザイン／丹羽朋子

ちがいがわかる　写真絵本シリーズ　どうぶつの赤ちゃん
シマウマ

初版発行　2004年3月　第14刷発行　2015年4月
監修──増井光子
発行所──株式会社　金の星社
〒111-0056　東京都台東区小島1-4-3
TEL 03-3861-1861（代表）　FAX 03-3861-1507
振替 00100-0-64678
ホームページ　http://www.kinnohoshi.co.jp
印刷──株式会社　廣済堂
製本──株式会社　福島製本印刷

NDC489　32ページ　26.6cm　ISBN978-4-323-04102-5
■乱丁落丁本は、ご面倒ですが小社販売部宛ご送付下さい。送料小社負担にてお取替えいたします。
© Nature Editors, 2004　Published by KIN-NO-HOSHI SHA, Tokyo, Japan.

ライオン
右前足
（みぎまえあし）

やわらかい 肉（にく）のふくらみ（肉球（にくきゅう））が あるため、音（おと）をたてずに えものに 近（ちか）づくことが できます。

ペンギン
（コウテイペンギン）
右足（みぎあし）

およぐときに むきをかえる やくわりもあります。